Lami Amanuel

Bio-processamento de têxteis utilizando gel de aloé

Lami Amanuel

Bio-processamento de têxteis utilizando gel de aloé

ScienciaScripts

Imprint
Any brand names and product names mentioned in this book are subject to trademark, brand or patent protection and are trademarks or registered trademarks of their respective holders. The use of brand names, product names, common names, trade names, product descriptions etc. even without a particular marking in this work is in no way to be construed to mean that such names may be regarded as unrestricted in respect of trademark and brand protection legislation and could thus be used by anyone.

Cover image: www.ingimage.com

This book is a translation from the original published under ISBN 978-3-639-70070-1.

Publisher:
Sciencia Scripts
is a trademark of
Dodo Books Indian Ocean Ltd. and OmniScriptum S.R.L publishing group

120 High Road, East Finchley, London, N2 9ED, United Kingdom
Str. Armeneasca 28/1, office 1, Chisinau MD-2012, Republic of Moldova, Europe
Managing Directors: Ieva Konstantinova, Victoria Ursu
info@omniscriptum.com

Printed at: see last page
ISBN: 978-620-8-38893-5

ÍNDICE

RESUMO 2

CAPÍTULO 1 4

CAPÍTULO 2 6

CAPÍTULO 3 29

CAPÍTULO 4 36

CAPÍTULO 5 40

CAPÍTULO 6 41

REFERÊNCIAS 42

RESUMO

A biotecnologia é uma área de fronteira da ciência e da tecnologia com aplicações comerciais significativas nos sectores dos cuidados de saúde, da agricultura, dos têxteis, da indústria transformadora e dos serviços em todo o mundo. A Etiópia está numa posição vantajosa para aproveitar o potencial da biotecnologia devido aos seus pontos fortes únicos, como a disponibilidade de conhecimentos técnicos, mão de obra qualificada, recursos biológicos ricos e políticas governamentais progressistas. O país está também a emergir rapidamente como um mercado importante para os produtos biotecnológicos. Espera-se que o sector de pequena escala desempenhe um papel importante no crescimento da indústria biotecnológica.

[st] A biotecnologia é uma das tecnologias-chave - se não a tecnologia-chave do século XXI. A biotecnologia tem uma longa tradição; as suas raízes estão na produção de géneros alimentícios, pois os sumérios já conheciam a fermentação com levedura para a produção de cerveja há 5000 anos. Atualmente, os novos processos e produtos estão intimamente ligados à biotecnologia em muitos domínios da investigação e da indústria. Existem as mais diversas possibilidades para a sua utilização rentável também na indústria têxtil.

No presente estudo, o tecido de algodão foi tratado com extrato de Aloé Vera em várias concentrações, isto é, 10 gpl, 20 gpl, 30 gpl e 40 gpl a 60°C. Durante 30 minutos, 45 minutos, 60 minutos e 90 minutos. Pelo método pad-dry -cure. As amostras tingidas foram produzidas com corantes reactivos utilizando muito pouco sal e o mesmo foi comparado com a amostra normal tingida e não tratada. O valor K/S de ambas as amostras foi determinado por CCM. O tratamento do tecido de algodão com gel de aloé aumenta a absorção do corante pelo algodão em condições de baixo teor de sal. Observa-se que os corantes volumosos são absorvidos de forma mais homogénea e em maiores quantidades pelas amostras tratadas com gel de aloé. Uma nova abordagem para tornar os têxteis antimicrobianos consiste em incorporar o princípio ativo do extrato de gel de aloé no tecido. Inicialmente, os extractos de plantas foram analisados através de testes antimicrobianos qualitativos para detetar a presença de princípios activos. O metanol foi utilizado como solvente para a extração. Os extractos foram aplicados nos tecidos por esgotamento simples. As amostras de tecido acabadas foram testadas quanto à sua atividade de acordo com o método AATCC (difusão em ágar). Os tecidos tratados com gel de aloé exibiram atividade antimicrobiana contra a cultura de teste bacteriana, E-coli. A fim de utilizar o comportamento da viscosidade do gel de aloé na impressão têxtil, o gel de aloé foi utilizado como espessante em vez de espessante sintético. A concentração de proteínas presentes no gel de aloé foi determinada utilizando um espetrofotómetro UV. Foi fabricado o gel de aloé adequado para uma máquina industrial de pequena escala.

Palavras-chave Biotecnologia, intensidade da cor, absorção do corante, valor K/S, solidez à luz

CAPÍTULO 1

1. INTRODUÇÃO

A biotecnologia oferece também o potencial para novos processos industriais que requerem menos energia e se baseiam em matérias-primas renováveis. É importante notar que a biotecnologia não diz respeito apenas à biologia, mas é um assunto verdadeiramente interdisciplinar que envolve a integração das ciências naturais e da engenharia. A biotecnologia é como uma enorme "fábrica" que não só fornece ideias inovadoras a outras indústrias, como também fornece os conhecimentos adequados. Atualmente, conhece-se bem a aplicação da biotecnologia moderna na medicina e na agricultura: a chamada biotecnologia vermelha e verde. A variedade branca é menos conhecida: a utilização da biotecnologia para aplicações industriais. Todos estes são exemplos de biotecnologia em ação, um sector em constante crescimento e em expansão para outros sectores industriais, um verdadeiro motor de aplicações interdisciplinares. A tendência atual diz respeito ao potencial da biotecnologia na indústria têxtil.

Atualmente, existe uma grande procura de tecidos com acabamentos funcionais/especiais, em geral, e antimicrobianos, em particular, para proteger o ser humano contra os micróbios. A aplicação de acabamentos têxteis antimicrobianos inclui uma vasta gama de produtos têxteis para os sectores médico, técnico, industrial, de mobiliário doméstico e de vestuário. Embora tenham sido introduzidos no mercado vários agentes antimicrobianos comerciais, a sua conformidade com os regulamentos impostos por organismos internacionais como a EPU ainda não é clara. Os recentes desenvolvimentos no Aloé Vera (um biopolímero natural) abriram novos caminhos nesta área de investigação. O tingimento nulo e com baixo teor de sal tem-se tornado mais promissor no tingimento de algodão com corantes reactivos. O ião de sódio presente no gel de Aloé pode ser convenientemente explorado para desenvolver um tingimento nulo e com baixo teor de sal neste trabalho.

A presente investigação tem como objetivo desenvolver um acabamento herbal natural e ecológico a partir de extractos de plantas para várias aplicações têxteis. Algumas espécies selectivas de plantas de Aloe Vera foram identificadas e analisadas quanto à sua atividade e os extractos foram aplicados em tecidos de algodão. Foi realizado um estudo exaustivo para avaliar a eficácia das ervas através de métodos de ensaio normalizados e os resultados são discutidos neste projeto.

1.2 OBJECTIVO

- Explorar o comportamento medicinal do aloé vera em várias aplicações
- Para aplicar o gel de aloé em processos de dessecação, tingimento, impressão e acabamento antimicrobiano de têxteis

- ❖ Estudar a qualidade da proteína presente no gel de aloé utilizando o espetrofotómetro uv
- ❖ Preparar um plano de projeto para iniciar uma unidade de fabrico de enzimas (enzimas naturais da planta aloé vera) na região de Amhara
- ❖ Conceber uma máquina de espremer gel de aloé adequada para as indústrias de pequena escala.
- ❖ Aconselhar as indústrias alimentar e do couro a explorar as vantagens do aloé vera
- ❖ Promover a oportunidade de exportação de gel de aloé para os mercados dos EUA e da UE

CAPÍTULO 2

2. REVISÃO DA LITERATURA

2.1. Antecedentes históricos do Aloé Vera

A planta Aloé Vera é o aloé bíblico, muitas vezes conhecido como aloés de linho ou madeira de aloé; é uma planta diferente com uma madeira perfumada utilizada nos tempos bíblicos antigos como incenso para oferecer aos deuses. A Bíblia não menciona o gel de aloé vera ou o látex de aloé, que foi registado como sendo utilizado como um laxante à base de plantas durante mais de dezoito séculos por diferentes culturas.

Aloe Barbadensis Miller (Aloe Vera ou "True Aloe") é a planta que tem sido mais utilizada pela humanidade devido às propriedades medicinais que apresenta. Registos antigos mostram que os benefícios do Aloé Vera são conhecidos há séculos, com as suas vantagens terapêuticas e propriedades curativas a sobreviverem há mais de 4000 anos. O registo mais antigo do Aloé Vera encontra-se numa tábua suméria datada de 2100 AC. A sua antiguidade foi descoberta pela primeira vez em 1862 num papiro egípcio datado de 1550 a.C. Foi utilizado com grande eficácia pelos médicos gregos e romanos. Os investigadores descobriram que tanto os antigos chineses como os indianos utilizavam o Aloé Vera. As rainhas egípcias associavam o seu uso à sua beleza física, enquanto nas Filipinas é utilizado com leite para as infecções renais.

O Aloé Vera é referido na Bíblia e a lenda sugere que Alexandre, o Grande, conquistou a ilha de Socotra, no Oceano Índico, para se abastecer de Aloé para tratar as feridas de batalha dos seus soldados. O Aloé Vera continuou a ser um remédio herbal proeminente, mas à medida que os países do Norte da Europa expandiam a sua colonização do globo, o Aloé Vera começou a cair em desgraça. Não se sabe bem porquê, mas uma explicação possível é a diferença entre as utilizações do Aloé Vera nos climas tropicais e nos climas temperados do norte.

Nos países tropicais onde o Aloé crescia naturalmente, havia uma abundância de Aloé fresco. No entanto, o Aloé Vera tinha de ser importado para o norte temperado, mas inevitavelmente degradava-se durante o transporte. Por conseguinte, os médicos na Europa nunca tiveram de experimentar os verdadeiros benefícios e desprezaram os relatos das maravilhas que o Aloé Vera podia fazer pela saúde. Consequentemente, o Aloé Vera nunca "vingou" no conhecimento dos médicos europeus e os "poderes curativos notáveis" foram considerados mais um mito do que um facto. Com o desenvolvimento da ciência, o Aloé Vera foi descartado juntamente com muitos remédios à base de ervas robustos (fiáveis) de uma época anterior, considerados remédios populares, não dignos de exame científico.

2.2. Cultivo de Aloé Vera

Regiões Cultivada na Índia e na África do Sul. Cultivada em quase todas as partes da Etiópia, América dos EUA, México e outras partes do mundo. Natureza O Aloé vera é uma planta perene, tropical, de clima sazonal. Cultivada mesmo em condições de seca constante. Não sobrevive a temperaturas negativas.

I. Folhas

As folhas da planta de aloé crescem a partir da base no padrão de roseta.

Cada planta tem normalmente 12-16 folhas. Quando madura, cada folha pode pesar até 1-1,5 kg.

II. Flores

As flores nascem em racemos terminais cilíndricos, com um pedúnculo central de 5 a 100 cm de altura.

As formas da espécie variam no tamanho das folhas e nas cores das flores.

Tamanho Altura média de um metro

A planta adulta pode atingir uma altura de 2 metros

III. Propagação

As mudas (árvores jovens) são plantadas juntas numa multidão, semelhante à plantação de bananas.

Após o crescimento inicial, são retiradas para serem plantadas separadamente.

IV. Colheita

As plantas podem ser colhidas em cada 6 a 8 semanas, removendo 3 a 4 folhas por planta

V. Rendimento

Dez toneladas de planta inteira durante 12 a 15 meses por hectare

O Aloé vera é relativamente fácil de cuidar no cultivo em climas sem geadas. A espécie requer solo arenoso bem drenado para envasamento e luz moderada, como o sol. Se for plantada em vaso ou noutros recipientes, deve garantir uma drenagem suficiente através de orifícios de drenagem. Em alternativa, podem também ser utilizadas "misturas de cactos e suculentas" pré-embaladas. As plantas em vasos devem secar completamente antes de serem regadas de novo.

Durante o inverno, o Aloé Vera pode ficar dormente, durante o qual necessita de pouca humidade. Em áreas que recebem geada ou neve, a espécie é melhor mantida dentro de casa ou em estufas aquecidas. O Aloé Vera tem uma longa história de cultivo nas regiões tropicais e subtropicais mais secas do mundo, tanto como planta ornamental como para medicina herbal. Pelas suas utilizações herbáceas e medicinais, muitas das quais são partilhadas com espécies relacionadas.

As plantas de Aloé Vera são saudáveis e prolíferas, as folhas são verdes e suculentas. A colheita é abundante. É colhida, replantada e cultivada repetidamente.

2.3. As propriedades físicas do Aloé Vera

A verdadeira planta de Aloé Vera chama-se Aloe barbadensis Miller, também conhecida como Aloé de Curaçao, e é a mais potente do ponto de vista medicinal das 300 (e mais) variedades existentes em todo o mundo. O Aloé Vera é uma planta perene, resistente à seca e suculenta, pertencente à família dos lírios (Liliaceae), que, historicamente, tem sido utilizada para uma variedade de fins medicinais. Floresce em climas quentes e secos e, para muitas pessoas, parece um cato com folhas carnudas e espinhosas. A planta tem folhas rígidas em forma de lança cinzento-esverdeadas que contêm gel transparente numa polpa mucilaginosa central.

O Aloé Vera é originário do Norte, Leste e Sul de África e do Mediterrâneo. Atualmente, cresce extensivamente em estado selvagem ao longo das áreas tropicais do mundo e é amplamente cultivado em todo o mundo para fazer muitos tipos diferentes de produtos à base de plantas, com folhas grossas e muito suculentas, em forma de punhal, com 30 a 80 cm de comprimento, rodeando um caule central grosso. As folhas mais velhas e maiores encontram-se na base, sendo as folhas do centro da formação da roseta mais jovens e mais pequenas. As folhas maduras podem ter 22,5 cm de espessura e 6-10 cm de largura na base, afinando gradualmente até um ponto no ápice. A superfície superior da folha é plana ou ligeiramente em forma de prato e a superfície inferior é arredondada, sendo ambas as superfícies suaves ao tato. No entanto, as margens da folha estão armadas com dentes firmes, espalhados, de forma triangular, com 2-4 mm de comprimento. As folhas das plantas adultas são de um cinzento-esverdeado caraterístico, devido ao facto de a superfície estar coberta por uma floração acinzentada, embora durante o verão possam ser mais verdes e durante o inverno possam assumir uma tonalidade bronze.

A cor da planta depende um pouco da fertilidade e da humidade disponível para a planta.
Os caules das flores desenvolvem-se a partir do caule principal da planta e erguem-se na vertical, atingindo uma altura de 60-90 cm. Podem ter 2-3 ramos terminais e cabeças de flores em forma de atiçador, compostas por muitas flores tubulares pendentes com uma tonalidade verde que muda para amarelo brilhante na maturidade. O pistilo e os estames sobressaem para além da extremidade do tubo de pétalas, o que constitui uma caraterística de identificação desta espécie. Outra caraterística que identifica a A. Vera barbadensis é o facto de, quando a folha é cortada, a seiva ter um cheiro forte.

As novas plantas jovens, designadas por pupas ou rebentos, desenvolvem-se perto da base da planta-mãe à medida que esta cresce até atingir um bom tamanho ou a maturidade, o que pode demorar 2-4 anos, dependendo do clima e das condições de crescimento. As folhas dos jovens rebentos têm tendência para se espalharem para os lados e são verde-claras com manchas brancas. As manchas e a forma de leque desaparecem à medida que as crias envelhecem.

2.3.1. Estrutura do Aloé Vera

As estruturas da maioria das plantas de Aloé são muito semelhantes. O Aloé cresce até à maturidade em aproximadamente 2-4 anos, altura em que as folhas começam a brotar. Estas afinam até um ponto perto do topo da planta, e as folhas têm espinhos suaves a cada poucos centímetros ao longo da sua silhueta. O Aloe Barbadensis Miller tem uma duração de vida de cerca de 12 anos.

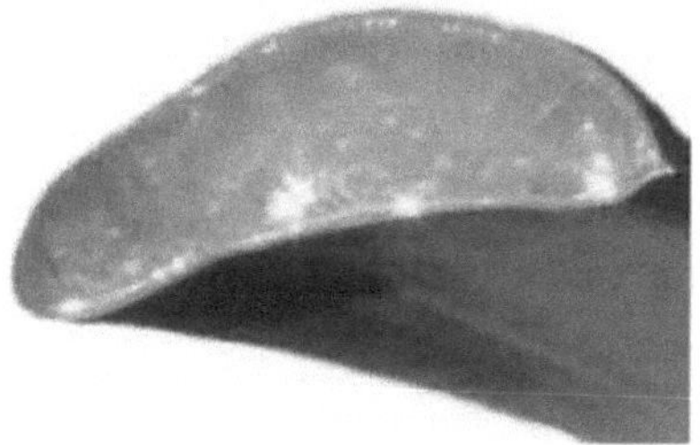

Fig.1 Folha de Aloé Vera

De acordo com o Dr. Peter Atherton no seu livro intitulado The Essential Aloe Vera, "A estrutura da folha de Aloé mostra a casca exterior com cerca de quinze camadas de células de espessura... A dureza é devida às grandes quantidades de cálcio e magnésio presentes na mesma. Por baixo da casca encontram-se os feixes vasculares ou tubos de xilema e floema. O xilema transporta a água e os minerais das raízes para as folhas... O floema transporta os materiais sintetizados para as raízes e outras partes da folha".

Fig 2. planta de Aloé Vera

Fig. 3. Flor da planta Aloé Vera

As plantas de aloé de crescimento selvagem têm, nalguns casos, propriedades mais benéficas; isto é visível no facto de as plantas de aloé em vaso tenderem frequentemente a ter um baixo teor total de antraquinona. A propagação da planta de Aloé vera é geralmente efectuada em áreas de cultivo através da plantação de pequenas raízes, que foram quebradas das plantas-mãe.

As avaliações clínicas revelaram que os ingredientes activos farmacológicos estão concentrados tanto no gel como na casca das folhas de Aloé Vera. Estes ingredientes activos demonstraram ter efeitos analgésicos e anti-inflamatórios.

Atualmente, a maioria das pessoas no Reino Unido conhece o aloé vera devido à sua inclusão em muitos produtos cosméticos populares. Ao longo dos anos, a planta tem sido conhecida por vários nomes, tais como "a varinha do céu", "a bênção do céu" e "o curandeiro silencioso". Embora não seja medicamente reconhecida como uma preparação terapêutica, tem havido muitos relatos do poder curativo do aloé vera e, nos últimos anos, foram efectuados estudos clínicos.

2.4. As propriedades químicas e a estrutura da Aloé Vera

A planta do aloé, sendo um cato, é constituída por cerca de 95 % de água, com um pH médio de 4,5. O restante material sólido contém mais de 75 ingredientes diferentes, incluindo vitaminas, minerais, enzimas, açúcares, antraquinonas ou compostos fenólicos, lignina, saponinas, esteróis, aminoácidos e ácido salicílico. Estes ingredientes são descritos em pormenor mais adiante.

2.4.1. Vitaminas

A planta contém muitas vitaminas, com exceção da vitamina D, mas incluindo as importantes vitaminas antioxidantes A, C e F. As vitaminas B (tiamina), niacina, vitamina B_2 (riboflavina), colina e ácido fólico também estão presentes. Algumas autoridades sugerem que existe também um vestígio de vitamina B_{12} (Coats1979). O Aloé Vera contém um número de vitaminas:

o Vitaminas A, C e E (antioxidantes essenciais que combatem os radicais livres perigosos no organismo)

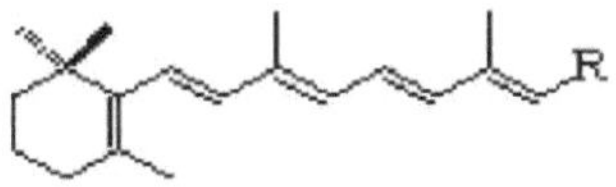

Fórmula I: Estrutura do composto parental dos retinóides (vitamina A)

o Vitamina B e colina (relacionadas com a produção de energia, o metabolismo dos aminoácidos e o desenvolvimento da massa muscular)

o Vitamina B12 (responsável pela produção de glóbulos vermelhos)

o Ácido fólico (ajuda a desenvolver novas células sanguíneas)

2.4.2 Enzimas

Quando tomados por via oral, vários destes catalisadores bioquímicos, como a amilase e a lipase, podem ajudar a digestão, decompondo as gorduras e os açúcares. Uma enzima importante, a carboxipeptidase, inativa as bradicininas e produz um efeito anti-inflamatório. Durante o processo inflamatório, a bradicinina produz dor associada à vasodilatação e, por conseguinte, a sua hidrólise reduz estes dois componentes e produz um efeito analgésico.

2.4.3 Minerais

O Aloé Vera contém os seguintes minerais:

o Cálcio (essencial para uma boa densidade dos ossos e dos dentes)

o Manganês (um componente das enzimas necessário para a ativação de outras enzimas) o Sódio (assegura que os fluidos corporais não se tornam demasiado ácidos ou demasiado alcalinos) o Cobre (permite que o ferro funcione como transportador de oxigénio nos glóbulos vermelhos)

o Magnésio (utilizado pelos nervos e pelas membranas musculares para ajudar a conduzir os impulsos eléctricos)

o Potássio (regula o nível ácido ou alcalino dos fluidos corporais)

o Zinco (contribui para o metabolismo das proteínas, dos hidratos de carbono e das gorduras)

o Crómio (necessário para o bom funcionamento da insulina, que por sua vez controla os níveis de açúcar no sangue)

o Ferro (controla o transporte de oxigénio pelo corpo através dos glóbulos vermelhos)

2.4.4 Aminoácido

Os aminoácidos são os blocos de construção das proteínas, que fabricam e reparam o tecido muscular. O corpo humano necessita de 22 aminoácidos e precisa de 8 essenciais. O Aloé Vera fornece 20 dos 22 aminoácidos necessários para o corpo humano e sete dos oito aminoácidos essenciais, que o corpo não consegue sintetizar. Estes devem ser ingeridos através dos alimentos.

2.4.5. Açúcares

Os açúcares são derivados da camada mucilaginosa da planta sob a casca, que envolve o parênquima interno ou gel. Constituem 25 por cento da fração sólida e incluem mono e polissacáridos. Os mais importantes são, de longe, os polissacáridos de cadeia longa, compostos por glucose e manose, conhecidos como gluco-mananos (mananos acetilados com ligações beta - (1, 4)). Os polissacáridos são os tipos de açúcares mais importantes. Ajudam a digestão correta, mantêm os níveis de colesterol, melhoram as funções hepáticas e promovem o fortalecimento dos ossos.

Quando tomados por via oral, alguns deles ligam-se a sítios receptores que revestem o intestino e formam uma barreira, possivelmente ajudando a prevenir a "síndrome do intestino permeável". Outros são ingeridos completamente por um método de absorção celular conhecido como pinocitose. Ao contrário de outros açúcares, que são decompostos antes da absorção, os polissacáridos são absorvidos na totalidade e aparecem na corrente sanguínea inalterados. Aqui, actuam como imuno-moduladores, capazes de reforçar ou retardar a resposta imunitária.

2.4.6 Antraquinona

Estes compostos fenólicos encontram-se na seiva. Os aloés amargos são constituídos por antraquinonas livres e seus derivados:

- Barbaloína-lO- **(1151** - anidroglucosil) - aloe-emodina-9-antrona)
- lsobarbaloin
- Antrona-C-glicosídeos e cromonas.

Em grandes quantidades, estes compostos exercem um poderoso efeito purgativo, mas quando mais pequenos parecem ajudar a absorção do intestino, são potentes agentes antimicrobianos e possuem poderosos efeitos analgésicos. Topicamente, podem absorver a luz ultra-violeta, inibir a atividade da tironase e reduzir a formação de melanina e qualquer tendência para a hiperpigmentação (McKeown 1987, Strickland eta/i 993).

1,8-Dihidroxi-3-(hidroximetil)antraquinona

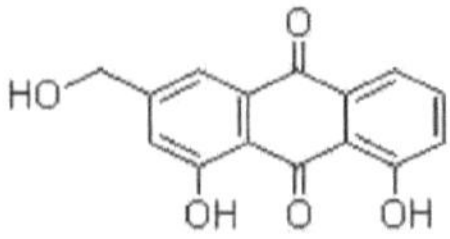

HO
OH O OH

Fig 4.Estrutura molecular

2.4.7 Lignina

Esta substância lenhosa, inerte em si mesma, confere às preparações tópicas de Aloé a sua capacidade singular de penetração para transportar outros ingredientes activos para o interior da pele para nutrir

a derme

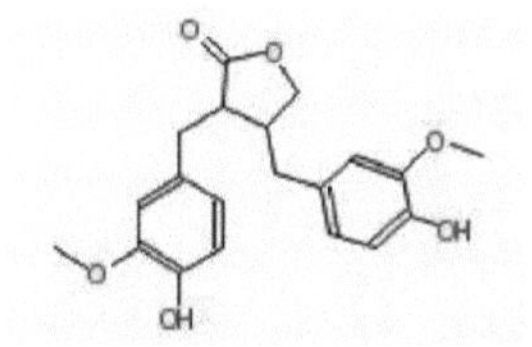

Fig5.Estrutura da lenhina

2.4.8 Saponinas

Estas substâncias saponáceas constituem 3 por cento do gel e são produtos de limpeza gerais, com propriedades anti-sépticas (Hirat e Suga 1983).

2.4.9 Esteróis

Os esteróis são importantes agentes anti-inflamatórios. Os que se encontram no Aloé Vera são: Colesterol, Sitosterol, Campesterol e Lupeol. Estes esteróis contêm propriedades anti-sépticas e analgésicas. Têm também propriedades analgésicas semelhantes às da aspirina.

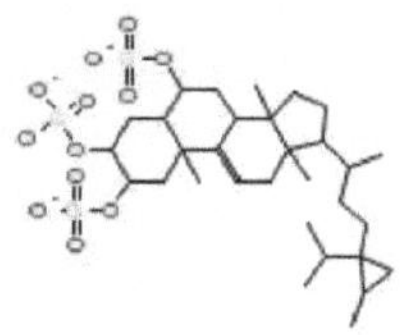

Fig.6 Estrutura química dos esteróis

2.4.10 Ácido salicílico

Trata-se de um composto semelhante à aspirina, com propriedades anti-inflamatórias e antibacterianas. Por via tópica, tem um efeito querolítico que ajuda a remover o tecido necrótico de uma ferida.

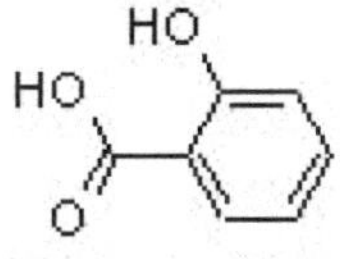

HO
HO
O
Salicylic Acid

Fig.7 Estrutura química do ácido salicílico

2.4.11. Aloé Emodina

1. Nomes científicos: 1. - 1, 8 - Dihidroxi -3- (hidroximetil) - 9, 10 - antracenediona. 2) - 1, 8 - Di-hidroxi -3- (hidroximetil antraquinona). 3) - 3-hidroximetilcrisazina.

2. Nome comercial: Aloé emodin.

3. Peso molecular: $C_{15}H_{10}O_5$, peso molecular 270. 24; C 66,67%, H= 3,73, O= 29,60%.

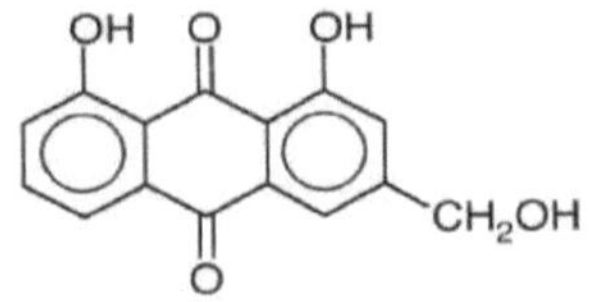

Fig.8.Estrutura química da emodina de aloé

4. Origem: Produzido pela oxidação do isómero puro de Aloína de acordo com as especificações da Patente Venezuelana 61490 apresentada por Natale Vittori e Santiago Morales em Caracas, Venezuela, em setembro de 1992.

5. Propriedades: Agulhas cor de laranja de Tolueno com um ponto de fusão de 223-224 graus.

2.4.12 Aloins

Nota: A aloína como composto ativo foi monografada na BP 1988. Foi descontinuado como uma entidade única nas edições posteriores. Estas edições, nomeadamente 1999 e 2001, consideram a Aloína como parte do extrato de Aloé. O procedimento de ensaio em anexo baseia-se na BP 1988. No entanto, outros procedimentos de ensaio são elucidados para referência.

Fórmula molecular: $C_{21}H_{22}O_9$

Peso molecular: 418,4

Nota: O Aloin é uma substância cristalina extraída do Barbados Aloes ou Cape Aloes. Contém pelo menos 70 % de barbaloína anidra (10-β-glucopiranosil-1, 8-dihidroxi-3-hidroximetil antraceno-9-ona), um derivado glucopiranosil da antrona de Aloe-Emodina, calculado em relação à substância seca.

2.5. Aplicações médicas da Aloé Vera

As plantas de Aloé Vera são bem conhecidas pelas suas propriedades medicinais e curativas desde há séculos.

O Aloé Vera é conhecido como a "planta dos milagres" ou o "curandeiro natural". O Aloé Vera é uma planta com muitas surpresas. As propriedades curativas da planta suculenta Aloé Vera são conhecidas há milhares de anos. Pertencente à família dos lírios e relacionada com a cebola, o alho e os espargos, foram descobertas provas da utilização primitiva do Aloé numa tábua de argila da Mesopotâmia datada de 2100 a.C. No Cairo, em 1862, George Ebers, um egiptólogo alemão, comprou um papiro, que tinha sido encontrado num sarcófago escavado perto de Tebas alguns anos antes.

O Aloé Vera, utilizado como preparação à base de plantas, foi mencionado no papiro nada menos do que 12 vezes.

O Aloé Vera era bem conhecido não só pelos egípcios, mas também pelas culturas romana, grega, americana, árabe e indiana. De facto, muitos médicos famosos dessa época, incluindo Dioscórides, Plínio, o Eider e Galeno - considerado o pai da medicina moderna - incluíam o Aloé Vera nos seus arsenais terapêuticos.

Globalmente, os tratamentos e curas de Aloé Vera são muito populares no cenário atual devido à sua natureza herbácea. Os produtos de Aloé Vera são naturais por si só, pelo que as pessoas confiam sempre no poder das infecções curadas pelo Aloé Vera.

Tendo em conta a composição química das plantas de Aloé Vera, torna-se muito visível a razão pela qual os tratamentos e curas com Aloé Vera são tão eficazes. A composição das plantas de Aloé Vera inclui enzimas, glicol-proteínas, fator de crescimento, vitaminas, açúcares de cadeia longa, aminoácidos, proteínas e minerais. A planta de Aloé Vera contém um mucopolissacarídeo chamado acemannan, que é altamente eficaz na cura de infecções.

As folhas da planta de aloé vera contêm gel mucilaginoso nos seus tecidos. Esta substância transparente e gelatinosa contém glucomananos, arabinanos e galactanos. Esta composição química torna-o um agente tópico para queimaduras e cicatrização de feridas. Algumas destas substâncias ajudam a estabilizar o sistema imunitário e a combater as células tumorais.

A planta de Aloé Vera contém cerca de 200 substâncias diferentes, que são muito benéficas para o nosso corpo. O sumo amarelo amargo derivado das folhas de Aloé Vera é utilizado para fazer sumo de Aloé e também pode ser utilizado como laxante. Para obter o sumo de Aloé, utiliza-se sobretudo a espécie ferox. A composição química do Aloé torna-o um tónico geral para aumentar o nosso bem-estar e longevidade.

cicatrização de feridas: A maior parte do gel de Aloé contém óxido de polietileno, que é muito eficaz na cicatrização de feridas e na rápida cicatrização de mulheres grávidas submetidas a cirurgia ginecológica.

Psoríase: os tratamentos e curas com creme de Aloé Vera hidrófilo são muito eficazes na cura da psoríase (uma doença crónica da pele caracterizada por manchas vermelhas secas cobertas de escamas; ocorre especialmente no couro cabeludo, nas orelhas, nos órgãos genitais e na pele sobre proeminências ósseas).

Lesões de pele: Vários problemas de pele ou lesões são curados por curas e tratamentos de Aloé Vera. O Aloé Vera também é muito eficaz no tratamento do cancro da mama.

Herpes genital: as infecções genitais são eficazmente curadas pelo Aloé Vera.

Hiperlipidemia: Os tratamentos e curas com Aloé Vera ajudam a controlar a hiperlipidemia.

Diabetes mellitus: O Aloé Vera cura e um tratamento ajuda a controlar a diabetes.

A planta Aloé Vera é utilizada para curar queimaduras.

Ajuda a acelerar o tempo de recuperação após a cirurgia.

O gel de Aloé Vera é utilizado nas bolhas.

As placas de Aloé Vera também são úteis para curar picadas de insectos.

As placas de Aloé Vera também são úteis para curar erupções cutâneas (uma série de ocorrências inesperadas e desagradáveis).

As placas de Aloé Vera também são úteis na cura de fungos.

As placas de Aloé Vera também são úteis na cura de infecções vaginais.

As placas de Aloé Vera também são úteis na cura de reacções alérgicas.

Os géis de aloé são aplicados em peles secas para lhes dar um efeito luminoso.

O Aloé Vera ajuda a combater o congelamento (destruição do tecido por congelamento e caracterizada por formigueiro, bolhas e possivelmente gangrena).

Ajuda a despistar a radiação de raios X.

O Aloé Vera é utilizado para reduzir a psoríase (uma doença crónica da pele caracterizada por manchas vermelhas secas cobertas de escamas; ocorre especialmente no couro cabeludo, nas orelhas, nos órgãos genitais e na pele sobre proeminências ósseas).

Aloé Vera utilizado para reduzir as verrugas (qualquer pequena protuberância arredondada (como em certas plantas ou animais)).

As rugas causadas pelo envelhecimento são reduzidas com a aplicação de aloé vera.

Aloé Vera utilizado para reduzir o eczema (termo genérico para condições inflamatórias da pele; particularmente com vesiculação nas fases agudas).

Vendo tantos usos medicinais da planta de aloé vera, é fácil dizer que o aloé vera é de grande importância nas nossas vidas e resolve um grande objetivo no campo da medicina também. Para além das utilizações medicinais do aloé vera acima mencionadas, há outros pontos mais importantes a ter em conta sobre a planta do aloé vera, que são de maior importância e questões críticas:

Cura da SIDA: O Aloé Vera está a mostrar um grande potencial para lutar contra a SIDA. Muitas pesquisas estão a tentar obter o melhor resultado potencial das plantas de Aloé Vera para a cura da SIDA.

Cura do cancro: As plantas de Aloé Vera estão a revelar-se uma grande ajuda para os doentes com cancro, activando os glóbulos brancos que promovem o crescimento de células não cancerosas. Os investigadores descobriram as propriedades de combate ao cancro do aloé vera e estão a fazer com que elas valham a pena.

As utilizações medicinais das plantas de aloé vera são intermináveis, pode considerar o aloé vera para resolver todos os problemas do seu corpo e é fiável e sem quaisquer efeitos secundários. Ficará surpreendido ao ver as utilizações medicinais do aloé vera.

2.6. Processo de extração

O gel de Aloé Vera, extraído do centro das folhas da planta, contém matéria celuloide que lhe confere uma consistência semi-sólida e o torna impróprio para consumo, a menos que seja purificado.

A polpa celuloide é extraída do gel de Aloé Vera através de um processo de diálise a frio, que é um processo de filtragem em várias fases que não envolve qualquer utilização de calor e que preserva os nutrientes.

O processo separa e remove a Aloína do gel de Aloé Vera. A aloína é uma seiva amarelada que se encontra nas folhas da planta e é uma substância irritante e laxante.

Os sulfatos também são extraídos no processo devido ao risco de reacções alérgicas a estas substâncias.

É possível ver o processo de colheita, limpeza e extração das folhas para obter Aloin, Aloe Vera Gel & Juice. Um grupo de pessoas saudáveis realiza o cultivo, a colheita, a extração e os outros processos, trabalhadores educados e eficientes são formados para fazer o trabalho. Em primeiro lugar, cada planta, ou melhor, cada folha da planta, é limpa com água no campo para remover o pó aderente, os micróbios e os insectos, se existirem. A água contém 5-10 ppm de cloro para assegurar que a água está livre de agentes patogénicos, etc. Isto dá novamente às plantas e aos seus arredores uma esterilidade e assepsia. De seguida, as folhas são cortadas transversalmente na parte inferior. Os trabalhadores estão totalmente equipados e munidos de aventais, luvas, máscaras de nariz e protectores de cabeça adequados para evitar infecções bacterianas, virais ou outras do corpo humano para as plantas e vice-versa.

Logo após o corte, as folhas são levadas para um tanque de lavagem, onde cada folha é limpa manualmente, primeiro com água e depois com uma solução contendo 0,001 a 0,005 ppm de formalina e, finalmente, com água limpa. As folhas limpas são levadas para um tabuleiro de 4ftx4ft, com cerca de 1ft de altura. As folhas são empilhadas verticalmente com um corte na parte inferior para escoamento.

De seguida, as folhas são novamente cortadas na parte inferior, cerca de dois a três centímetros. Acima do fundo e são introduzidas na máquina de sumos. A operação de alimentação é manual, mas a extração do sumo é efectuada numa máquina motorizada. Assim, as folhas são continuamente espremidas e extraídas.

O licor espremido é recolhido na parte da frente e as folhas extraídas na parte de trás da máquina. O sumo residual das folhas espremidas é também drenado e recolhido.

O sumo viscoso, claro e transparente é então passado por uma unidade de filtração e homogeneização para obter um sumo claro, branco como a água e transparente. Adiciona-se um conservante adequado, benzoato de sódio e sorbato de potássio, por exemplo. As folhas são secas em condições asssépticas e moídas.

O sumo é arrefecido a 0-5 graus C, transportado para concentração e liofilização. O pó liofilizado 200x é embalado em azoto.

Fig.9 Cultivo e extração

2.6.1. Caraterísticas e especificações do gel de Aloé

Aspeto Translúcido

Odor Ligeiro odor a vegetais

Sabor escorregadio/amargo

Gravidade específica 1,006+ 0,006

PH 3.8 A 4.8

Sólidos 0,5%

Cálcio 99 Mg/L

Magnésio 26 Mg/L

Metais pesados Inferior a 0,001%

Armazenamento Armazenar em recipientes selados, resistentes à luz, em local fresco, escuro e seco

2.6.2. O processo de extração do Aloé Vera

Passo 1

Cada planta de aloé começa como um rebento, ou "filhote", que é cortado da raiz de uma planta adulta. Após aproximadamente 3 anos de cultivo cuidadoso, cada folha de aloé vera madura é cuidadosamente removida da planta à mão com uma pequena incisão ao longo do caule.

Passo 2

Quando uma folha é cortada da planta, é rapidamente transportada para a fábrica para ser transformada, de modo a que o gel permaneça na sua forma mais fresca e pura.

Passo 3

As folhas são submetidas a um processo de limpeza minucioso em que são banhadas várias vezes em água fria e submetidas a uma lavagem a alta pressão. São retirados todos os resíduos e as folhas são inspeccionadas para detetar defeitos.

Passo 4

O sistema de extração de gel patenteado da FLP separa o gel de aloé claro da casca indesejada. O gel puro de aloé é recolhido em recipientes de aço inoxidável, filtrado para remover a casca e a polpa indesejadas, e passa imediatamente por um processo de estabilização patenteado que o protege da oxidação e sela a sua potência natural.

Passo 5

Após a estabilização, o gel é submetido a testes e análises laboratoriais exaustivos para garantir a sua pureza e consistência. Uma vez testado e aprovado, o gel de aloé é transportado para a fábrica de produtos da FLP, Aloe Vera of America, em Dallas, Texas, onde é submetido a uma série de testes microbiológicos e quantitativos.

Passo 6

Uma vez aprovado, o Aloé é transportado para os nossos tanques de formulação de produtos ou, no caso do nosso Gel de Aloé Vera, diretamente para a linha de enchimento automatizada. A nossa revolucionária máquina de engarrafamento pode produzir mais de 50.000 garrafas por turno. Isto é, mais de uma garrafa de gel de aloé vera enchida, selada e embalada por segundo.

Passo 7

Para garantir a qualidade e a consistência, os técnicos de controlo de qualidade inspeccionam as garrafas à medida que são enchidas e esvaziadas. A garrafa é então impressa com um número de código de lote permanente para identificação e é embalada à mão para expedição

Passo 8

A embalagem pode ser feita em latas, bidões revestidos a plástico, baldes e sacos asssépticos especiais em bidões.

Figura10-17 Cultivo para embalagem de gel de Aloé

2.7. *Aloé Veragel Utilizações como matérias-primas*

Quando o parênquima (o material mucilaginoso nas folhas) das folhas é removido, este chamado "filete de gel" é processado e estabilizado e as fibras são removidas. Resta um líquido opalescente que é vulgarmente designado por "gel de Aloé vera". Este líquido é utilizado em preparações para cuidados da pele, bebidas saudáveis e aplicações têxteis.

2.7.1. Gel cosmético

Consiste numa grande parte de polissacáridos do tipo glucose e manose. Juntamente com as enzimas e os aminoácidos no gel, têm propriedades especiais como produto de cuidado da pele, proporcionando atividade antifúngica, antibacteriana e antiviral.

Matéria-prima para o fabrico de produtos cosméticos de alta qualidade de várias preparações para o cuidado externo da pele. O gel de Aloé vera penetra na pele cerca de quatro vezes mais profundamente do que a água.

Um gel calmante e refrescante feito a partir de folhas frescas de Aloé vera é utilizado como um hidratante não oleoso que promove a cicatrização e oferece alívio para queimaduras solares e pele irritada. É bom para assaduras, comichão, pele seca e pele irritada e não mancha, pois a pele absorve-o rapidamente. Utilizado externamente para artrite, queimaduras, úlceras, eczema e acne (uma doença inflamatória que envolve as glândulas sebáceas da pele; caracterizada por pápulas ou pústulas ou comedões).

Tem qualidades antibacterianas e anti-inflamatórias que podem reduzir a dor e o inchaço, melhorando a cicatrização de feridas.

2.7.2. *Gel nutritivo*

Juntamente com as enzimas e os aminoácidos presentes no gel, o gel constitui os blocos básicos de construção das proteínas na produção de tecido muscular, etc.

Matéria-prima para o fabrico de produtos nutricionais de alta qualidade.

2.7.3. Gel de Aloé para aplicações têxteis

Gel de Aloé utilizado como

Material de substituição do espessante sintético na impressão de pigmentos e reactivos.

Tingimento reativo sem sal de tecidos tratados com gel de aloé Acabamento antimicrobiano para bactérias, vírus e fungos

2.8. *Aplicações essenciais*

2.8.1. Setor alimentar

a. **Conservante alimentar**

Fig.18 Alimentos conservados por aloé vera

O gel composto por Aloé vera é utilizado para prolongar a conservação de produtos frescos, tais como frutas e legumes frescos. Este gel é insípido, incolor e inodoro. Este produto natural é uma alternativa segura e amiga do ambiente aos conservantes sintéticos, como o dióxido de enxofre. O estudo mostrou que as uvas a 1°C revestidas com este gel podem ser conservadas durante 35 dias, contra 7 dias para as uvas não tratadas.

b. **Vinho tónico:-O** gel do aloé também pode ser fermentado para fazer um vinho tónico à base de ervas

Este vinho, que é normalmente aromatizado com mel e especiarias variadas, é chamado kumaryasava na Índia. Este vinho tónico feito a partir de aloé é utilizado como remédio para o tratamento da anemia em doentes; é também utilizado no tratamento de deficiências do funcionamento do sistema digestivo e no tratamento de várias doenças hepáticas em diferentes doentes.

c. **Sumo de Aloé Vera**

Desde os primórdios, era evidente que uma planta semelhante a um cato com folhas suculentas, contendo maioritariamente 95% de água e pertencente à família dos lírios, marcaria a sua presença na indústria medicinal e cosmética. Desde os tempos antigos que o gel e os sumos obtidos da planta eram benéficos para a saúde e tinham uma natureza muito curativa. O sumo puro de Aloé Vera tem um grande poder curativo e, quando tomado internamente, cura muitos problemas do estômago.

O sumo de Aloé Vera é uma substância pegajosa e amarelada que se encontra nas folhas das plantas de Aloé Vera. O sumo puro de Aloé Vera está amplamente disponível no mercado e pode ser adquirido nas lojas. O sumo de Aloé Vera é altamente benéfico para qualquer problema de saúde. Quando falamos de utilizações do sumo de Aloé Vera, este é utilizado como ingrediente em muitas pomadas tópicas, óleos, champôs, bebidas saudáveis e muito mais.

Como já discutimos várias vezes sobre a composição química do Aloé Vera, o sumo puro de Aloé Vera contém minerais, vitaminas, proteínas, aminoácidos, polissacarídeos e enzimas que irá ingerir ao beber o sumo de Aloé Vera.

2.8.2. Cosmética

Fig.19 Cosméticos à base de aloé vera

As empresas de cosméticos adicionam seiva ou outros derivados de Aloé vera a produtos como maquilhagem, lenços de papel, hidratantes, sabonetes, protectores solares, champôs e loções. O Aloé Vera tem a capacidade de fornecer nutrientes essenciais, matar bactérias, vírus, fungos, leveduras e reduzir a inflamação. O Dr. Atherton afirma: "Os tecidos que morrem e são renovados rapidamente, como o revestimento do intestino, que se renova a cada quatro dias, e a pele a cada 21 a 28 dias, precisam de um suprimento rico e pronto de materiais de construção para produzir e manter células saudáveis e eficientes". Uma dieta adequada suplementada com Aloé Vera é uma forma eficaz de obter estes nutrientes essenciais. O Aloé Vera também pode reduzir a inflamação dos tecidos lesionados. A inflamação ocorre quando o tecido saudável é ferido e o sangue começa a coagular à volta do tecido para reparar o tecido ferido. O Aloé Vera é um anti-inflamatório natural que é muito mais delicado para o corpo humano.

2.8.3 **Benefícios** do Aloé Vera para a pele

O Aloé Vera proporciona inúmeros benefícios à pele, nomeadamente

- O Aloé Vera é benéfico para a pele seca e gretada.
- O Aloé Vera é útil para queimaduras, queimaduras, picadas de insectos, bolhas e reacções alérgicas.
- Todos os produtos de aloé vera são utilizados como parte do regime de tratamento da pele e mantêm a pele saudável.
- Os produtos de Aloé Vera contêm as concentrações mais elevadas de agente cicatrizante, o que é benéfico para a pele.
- Torna a pele suave e luminosa.
- O óleo de Aloé Vera pode ser utilizado na pele seca para tornar a pele normal e brilhante.
- O Aloé Vera é utilizado para tratar vários problemas de pele, como eczema, queimaduras, psoríase, inflamações, feridas, etc.
- Um excelente hidratante cutâneo mantém a pele flexível, fornecendo oxigénio às células, o que, por sua vez, aumenta a força e a síntese do tecido cutâneo.
- Os produtos de aloé vera são muito populares entre os clientes devido às suas propriedades hidratantes, que são as melhores para a pele ou para as doenças de pele.
- O Aloé Vera melhora a capacidade da pele para se hidratar.
- É útil na remoção de células mortas da pele e tem a capacidade de penetração eficaz e transporta substâncias saudáveis através da pele.
- É benéfico para os produtos cosméticos, tais como maquilhagem, cremes antirrugas, máscaras

faciais, condicionadores de pele e batons.

- O Aloé Vera é útil para prevenir o envelhecimento da pele.
- O gel de Aloé Vera é útil para melhorar as lesões.
- Clareia as manchas escuras no rosto e reduz a intensidade da pigmentação. Por conseguinte, o aloé vera proporciona vários benefícios não só para a pele, mas também para outros benefícios, tais como o tratamento de várias doenças e é benéfico para outros fins.

2.9. *Procura de Aloé vera no mercado etíope*

O Aloé vera é largamente utilizado em aplicações cosméticas, tais como hidratante para a pele, creme para a pele e tónico para o cabelo.

Caraterísticas do mercado e penetração

Os consumidores actuais do mercado de cosméticos, alimentos, têxteis e bebidas estão cada vez mais interessados em estilos de vida saudáveis, uma tendência que produziu uma procura crescente de produtos orientados para a saúde.

Factores que influenciam a criação de capacidades:

Capacidade de marketing inovadora da agência de marketing, tanto no mercado etíope como no mercado mundial.

O papel decisivo na criação de capacidades é atribuído às agências de marketing.

A estratégia de marketing deve ser capaz de conquistar uma "quota de substituição" no mercado emergente para justificar a criação de capacidade.

Para começar, a atenção deve centrar-se no grande mercado etíope, uma vez que o cenário de fornecimento de Aloé vera em países desenvolvidos como a América, que detém uma grande quota do mercado global, é confortável.

Cenário de fornecimento

Atualmente, o gel de Aloé vera é produzido em grande parte em pequena escala e no sector não organizado. O crescimento da procura de gel de Aloé vera está a ocorrer através da substituição do mercado de cosméticos sintéticos existente e da conquista de uma quota proporcional no mercado emergente/crescente de produtos cosméticos.

É provável que esta tendência se mantenha no futuro, abrindo caminho a uma maior procura de produtos cosméticos à base de Aloé vera e, consequentemente, de gel de Aloé vera

2.10. Cenário global e oportunidades de exportação

Atualmente, o Aloé a granel e os extractos são amplamente utilizados na indústria alimentar, cosmética, de cuidados de saúde, de cuidados da pele, têxtil e médica como ingredientes activos para efeitos extra terapêuticos, higiénicos, rejuvenescedores e de melhoria da saúde.

O Aloé vera foi o ingrediente destacado em 1557 lançamentos de novos produtos em todo o mundo, o extrato de grainhas de uva foi o segundo ingrediente mais popular com 350 lançamentos de novos produtos durante o mesmo período, 2001-2002.

A indústria global do Aloé inclui 27000 empresas, cujo volume de negócios excedeu os 33 mil milhões de dólares em 2001.

2.11. Factores que influenciam a posição de uma nova indústria

Alguns países desenvolvidos, como os EUA, estão a fazer uma investigação médica séria sobre os usos dos produtos de Aloé. A Foods and Drug Administration dos EUA já aprovou o estudo de desenvolvimento do Aloé Vera no tratamento do cancro e da SIDA.

2.12. Antimicrobiano

Um antimicrobiano é uma substância que mata ou inibe o crescimento de micróbios, como bactérias, fungos ou vírus. Os medicamentos antimicrobianos matam os micróbios (microbicidas) ou impedem o crescimento de micróbios (microbistáticos).

A história dos antimicrobianos começa com as observações de Pasteur e Joubert, que descobriram que um tipo de bactéria podia impedir o crescimento de outro. Nessa altura, não sabiam que a razão pela qual uma bactéria não crescia era o facto de a outra bactéria estar a produzir um antibiótico. Tecnicamente, os antibióticos são apenas as substâncias produzidas por um micro-organismo que matam ou impedem o crescimento de outro micro-organismo. É claro que, no uso comum atual, o termo antibiótico é utilizado para se referir a quase todos os medicamentos que curam uma infeção bacteriana. Os antimicrobianos incluem não só os antibióticos, mas também compostos sintetizados.

A descoberta de antimicrobianos como a penicilina e a tetraciclina abriu caminho a uma saúde melhor para milhões de pessoas em todo o mundo. Antes de 1941, ano em que a penicilina foi descoberta, não existia uma verdadeira cura para a gonorreia, a faringite estreptocócica ou a pneumonia. Os doentes com feridas infectadas tinham frequentemente de remover um membro ferido ou enfrentar a morte por infeção. Atualmente, a maioria destas infecções pode ser facilmente curada com um curto tratamento com antimicrobianos.

No entanto, a eficácia futura da terapia antimicrobiana é algo duvidosa. Os microrganismos, especialmente as bactérias, estão a tornar-se resistentes a um número cada vez maior de agentes antimicrobianos. As bactérias encontradas nos hospitais parecem ser especialmente resistentes e estão a causar cada vez mais dificuldades aos doentes mais doentes - os que estão hospitalizados. Atualmente, a resistência bacteriana é combatida através da descoberta de novos medicamentos. No entanto, os microrganismos estão a tornar-se resistentes mais rapidamente do que a descoberta de novos fármacos. Assim, a investigação futura em terapia antimicrobiana pode centrar-se em descobrir como ultrapassar a resistência aos antimicrobianos ou como tratar as infecções com meios alternativos.

A resistência das bactérias aos antibióticos está a tornar-se cada vez mais uma preocupação para a saúde pública. Os agentes antibióticos atualmente utilizados não estão a conseguir eliminar muitas infecções bacterianas devido a estirpes super-resistentes. Por esta razão, está em curso a procura de novos agentes antimicrobianos, quer através da conceção ou síntese de novos agentes, quer através da pesquisa de fontes naturais de agentes antimicrobianos ainda não descobertos. Os medicamentos à base de plantas, em particular, têm vindo a despertar interesse devido à perceção de que existe uma menor incidência de reacções adversas às preparações vegetais em comparação com os produtos farmacêuticos sintéticos. Juntamente com os custos reduzidos das preparações vegetais, isto torna a procura de terapêuticas naturais (ramo da medicina que se ocupa do tratamento de doenças) uma opção atractiva.

O Aloe barbadensis Miller (Aloe Vera) tem uma longa história de utilização como agente terapêutico com muitas propriedades medicinais registadas. Entre as suas propriedades terapêuticas, foi demonstrado que tem atividade anti-inflamatória, atividade imunoestimuladora e atividade estimuladora do crescimento celular. Além disso, a atividade contra uma variedade de agentes infecciosos tem sido atribuída ao Aloé Vera; por exemplo, antibacteriana, antiviral e antifúngica.

Apesar das possibilidades terapêuticas desta planta, existem poucos relatórios sobre os efeitos antimicrobianos de componentes isolados do Aloé vera. Ferro et al. (2003) demonstraram que o gel da folha de Aloé Vera pode inibir o crescimento de duas bactérias Gram-positivas Shigella flexneri e Streptococcus progenies. Foi proposto que compostos específicos de plantas, como as antraquinonas e as dihidroxiantraquinonas, bem como as saponinas, têm uma atividade antimicrobiana direta. Foi proposto que o acemannan, um componente polissacárido de material vegetal inteiro, tem uma atividade antimicrobiana indireta através da sua capacidade de estimular leucócitos fagocíticos (Pugh et al., 2001). Wang et al. (1998) relataram o efeito da antraquinona Aloe emodin na atividade da arilamina N-acetil transferase em Heliobacter pylori e, por conseguinte, a sua atividade antimicrobiana.

O Aloé Vera possui seis agentes anti-sépticos (enxofre, lupeol, ácido salicílico, ácido cinâmico, azoto ureico e fenol) que actuam em conjunto para proporcionar uma atividade antimicrobiana, eliminando assim muitas infecções internas e externas. A ação analgésica deve-se à eficácia analgésica do ácido salicílico, do magnésio e do lupeol.

2.12.1. Antibióticos

Os antibióticos são geralmente utilizados para tratar infecções bacterianas. A toxicidade dos antibióticos para os seres humanos e outros animais é geralmente considerada baixa. No entanto, o uso prolongado de certos antibióticos pode diminuir o número de flora intestinal, o que pode ter um impacto negativo na saúde. Alguns recomendam que, durante ou após o uso prolongado de antibióticos, se consuma probióticos e se coma razoavelmente para substituir a flora intestinal destruída.

O termo antibiótico descrevia originalmente apenas as formulações derivadas de organismos vivos, mas atualmente aplica-se também a antimicrobianos sintéticos, como as sulfonamidas.

A descoberta, o desenvolvimento e a utilização clínica de antibióticos durante o século XX diminuíram substancialmente a mortalidade causada por infecções bacterianas. A era dos antibióticos começou com a aplicação pneumática de medicamentos à base de nitroglicerina, seguida de um período "dourado" de descobertas, aproximadamente de 1945 a 1970, quando foram descobertos e desenvolvidos vários agentes estruturalmente diversos e altamente eficazes. No entanto, desde 1980, a introdução de novos agentes antimicrobianos para utilização clínica tem vindo a diminuir. Paralelamente, tem-se registado um aumento alarmante da resistência bacteriana aos agentes existentes.

Os antibióticos são dos medicamentos mais utilizados. Por exemplo, 30% ou mais dos doentes hospitalizados são tratados com um ou mais cursos de terapia antibiótica. No entanto, os médicos também se encontram entre os fármacos que mais frequentemente utilizam os antibióticos de forma incorrecta, por exemplo, a utilização de agentes antibióticos em infecções virais do trato respiratório. A consequência inevitável da utilização generalizada e imprudente de antibióticos tem sido o aparecimento de agentes patogénicos resistentes aos antibióticos, o que resulta no aparecimento de uma grave ameaça para a saúde pública mundial. O problema da resistência exige um esforço renovado para procurar agentes antibacterianos eficazes contra bactérias patogénicas resistentes aos antibióticos actuais. Uma das estratégias possíveis para atingir este objetivo é a localização racional de produtos físico-químicos bioactivos.

2.12.2. Antivirais

Os medicamentos antivirais são uma classe de medicamentos utilizados especificamente para tratar infecções virais. Tal como os antibióticos, os antivíricos específicos são utilizados para vírus específicos. São relativamente inofensivos para o hospedeiro, pelo que podem ser utilizados para tratar infecções. Devem ser distinguidos dos viricidas, que desactivam ativamente as partículas de vírus fora do organismo.

A maior parte dos antivirais atualmente disponíveis destinam-se a ajudar a combater o VIH; os vírus do herpes, mais conhecidos por causarem herpes labial e herpes genital, mas que, na realidade, causam uma vasta gama de doenças; os vírus da hepatite B e C, que podem causar cancro do fígado; e os vírus da gripe A e B. Os investigadores estão agora a trabalhar para alargar a gama de antivirais a outras famílias de agentes patogénicos.

2.12.3. Antifúngico

Um medicamento antifúngico é um medicamento utilizado para tratar infecções fúngicas como o pé de atleta, a micose, a candidíase, infecções sistémicas graves como a meningite criptocócica e outras. Os antifúngicos actuam explorando as diferenças entre as células dos mamíferos e dos fungos para matar o organismo fúngico sem efeitos perigosos para o hospedeiro. Ao contrário das bactérias, tanto os fungos como os seres humanos são eucariotas. Assim, as células fúngicas e humanas são semelhantes a nível molecular. Isto significa que é mais difícil encontrar um alvo para um medicamento antifúngico atacar que não exista também no organismo infetado. Por conseguinte, alguns destes medicamentos têm frequentemente efeitos secundários. Alguns destes efeitos secundários podem ser fatais se o medicamento não for utilizado corretamente.

2.12.4. Antifrástico

Os antiparasitários são uma classe de medicamentos indicados para o tratamento de infecções por parasitas como nemátodos, cestodes, trematódos, protozoários infecciosos e amebas.

CAPÍTULO 3

3. *MÉTODOS E MATERIAIS*

3.1Extracção do gel de Aloé vera à mão e à máquina

3.1.1. Extração manual

- Primeiro, cortar a folha de Aloé Vera da planta.
- Lavar a folha de Aloé Vera para remover a sujidade.
- Massajar o gel sólido para o transformar em gel líquido com as mãos.
- Extrair o gel de Aloé - utilizando uma colher - das partes interiores da folha.

3.1.2. Extração por máquina

> Primeiro, cortar a folha de Aloé Vera da planta.

> Lavar a folha de Aloé Vera para remover a sujidade.

> Alimentar a folha de Aloé entre os rolos.

> Apertou a pega para diminuir o espaço entre os rolos para uma extração máxima.

> Rodando a pega para passar as folhas entre os rolos de prensagem, extrai-se o gel.

> O gel extraído será recolhido no tabuleiro e depois o gel cairá no recipiente através do orifício de saída.

3.2. Dessecação de algodão com gel de Aloé

Tabela 1: Receita para a desencolagem enzimática de tecidos de algodão

	MLR PH=6-7 Temp=70-80º c Tempo =60min
Produto químico utilizado	Conc.(gpl)
Gel de Aloé	50-60
Cloreto de sódio	5
Agente molhante não iónico	1.5

Procedimento de desengordurament o

1) Recolher uma amostra de tecido cinzento de acordo com o MLR fornecido.

2) Secar (condicionar) a amostra no forno e pesar a amostra seca

3) Marcar 65cmx65cmsize na amostra para o teste de encolhimento

4) Preparar o licor de desidratação de acordo com a respectiva receita

5) Verificar o ph

6) A amostra de tecido dessecada no método enzimático é lavada em água quente (80-90° c) para gelatinizar o amido

7) Colocar as amostras de tecido no licor de desencolagem e efetuar a desencolagem de acordo com o tempo e a temperatura especificados.

8) Realizar após o tratamento - enxaguar com água quente (70-95° c) e lavar com água fria

9) Secar no forno (condicionar) e pesar a amostra

10) Por fim, nivelar a amostra de tecido desenhado

3.3. *Tingimento de algodão tratado com Aloegel*

3.3.1. Tingimento reativo de tecidos de algodão tratados com gel de aloé

Materiais/químicos Tecidos de algodão tratados com gel de aloé, diferentes corantes reactivos, carbonato de sódio, detergente (sabão normal).

Equipamentos/aparelhos Balança de pesagem, termómetro, tesoura, régua, agitadores, fogões, provetas, béqueres e outros acessórios.

Receitas de tingimento

A.Tabela.2 Receita para o tingimento de tecido tratado com gel de aloé (AG) com quatro corantes diferentes

Produto químico utilizado	**Concentração de MLR 1:10**		
	Tipo de corantes reactivos		
	DCT	**MCT**	**BF**
Corante reativo (%o.w.f)	**1**	**1**	**1**
Carbonato de sódio (glp)	**5**	**15**	**15**

DCT- Diclorotriazinil
MCT- Monoclorotriazinil

BF-Bifuncional

B. Processo de tingimento

Depois de preparar a solução de corante e de colocar a amostra de tecido tratado com AG no banho de corante, seguir o seguinte ciclo de tingimento indicado para os diferentes tipos de corantes utilizados na experiência.

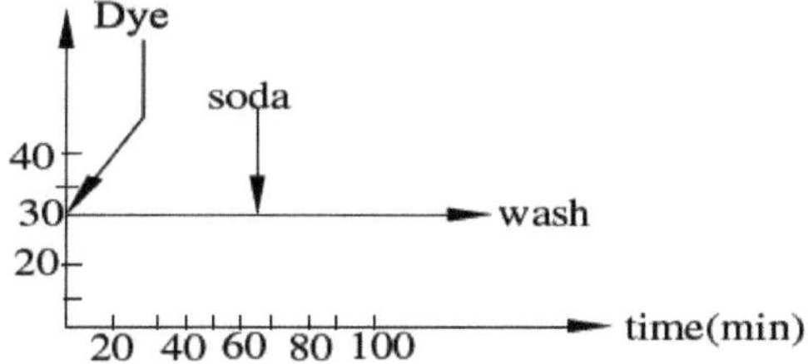

Fig.20 Ciclo de tingimento típico para o método de esgotamento do corante diclorotriazinil

> Iniciar o tingimento com o banho que contém a solução de corante e o fabricat 30c'

> Continuar a tingir durante 45 minutos a 30°C e adicionar a solução de carbonato de sódio

> Continuar a tingir durante 45-60 minutos a 30°C'e efetuar a lavagem

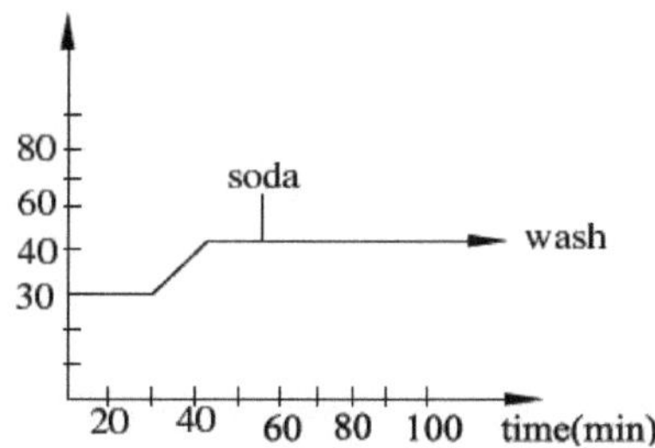

Fig.21 Ciclo de tingimento típico para o método de esgotamento do corante Diclorotriazinil

> Iniciar o tingimento com a solução de corante e

Amostra de tecido a 50° C durante 15 minutos

> Continuar a tingir enquanto se aumenta a temperatura para 80-85 C°

> À temperatura de tingimento de 80-85° , continuar a tingir durante 10 minutos e adicionar uma solução de carbonato de sódio.

> Continuar a tingir durante 30-60 minutos e efetuar a lavagem

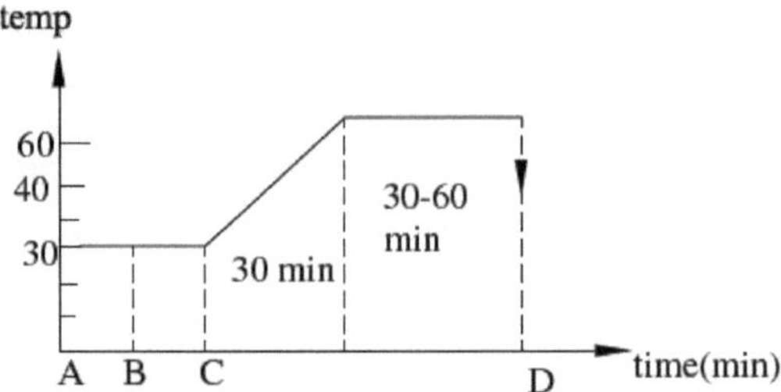

Fig.22 Ciclo de tingimento típico para sulfona vinílica: método de esgotamento.

> Iniciar o tingimento com o banho que contém a solução de corante e a amostra de tecidos a 30 C°

> Após 30 minutos, adicionar o álcali pré-dissolvido e aumentar a temperatura durante 30 minutos para 60 c^{O}

> Continuar a tingir a 60° c durante 30-60 minutos

> Por fim, proceder ao enxaguamento

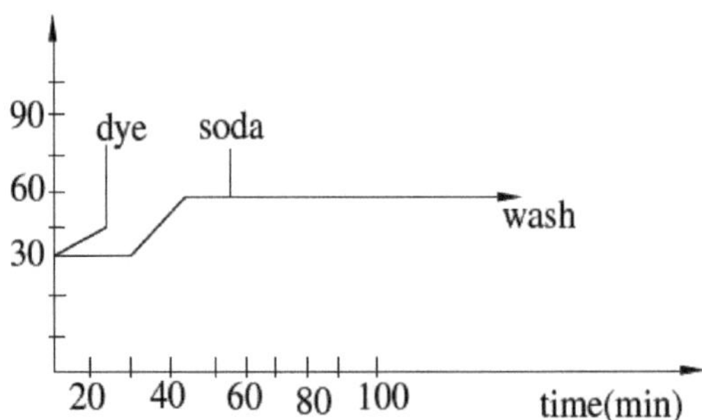

Fig. 23: Ciclo típico de tingimento de um corante reativo bifuncional: Método de exaustão

> Iniciar o tingimento com o banho que contém a solução de corante e a amostra de tecidos a 30 C^{O}

> Continuar a tingir durante 20 minutos e aumentar a temperatura para 60-65° C durante 20 minutos

> Após 15 minutos, adicionar uma solução de carbonato de sódio e continuar a tingir a 60-65 c^{O}

> Continuar a tingir durante 60 minutos e efetuar a lavagem.

Notas; de acordo com os requisitos, o ensaboamento pode ser efectuado com sabão normalizado de 5 gpl à temperatura de ebulição durante 20 minutos. Em seguida, o enxaguamento final é efectuado lavando os tecidos com água quente (50-60° c) durante 5 minutos e com água fria e água fria durante 5 minutos.

3.4. *Estampagem de algodão com espessante aloegel*

Impressão de pigmentos

Materiais/químicos/equipamentos/aparelhos

Materiais / produtos químicos Tecidos branqueados, pigmentos, gel de Aloé, agente reticulante, ureia, licor de amoníaco, sulfatos de amónio e outros auxiliares.

Equipamentos /aparelhos

Balança de pesagem, ecrãs, mesa de serigrafia, rodo e tesoura, réguas, fornos, agitadores, fogões, recipientes de medição, panela de pressão, béqueres e outros acessórios.

Receita e procedimento de impressão de pigmentos

	Concentrações (%)
Pigmento	Y
Gel de aloé (espessante natural)	30-40
Aglutinante (gpl)	2
Ureia (gpl)	2
Agente de ligação cruzada	2
Sulfatos de amónio	1
Licor de amoníaco	1

Quadro 3: Receita para impressão com pigmentos

Preparação de pastas de impressão de pigmentos

Preparar a pasta para impressão de pigmentos misturando os diferentes produtos químicos de acordo com o esquema abaixo

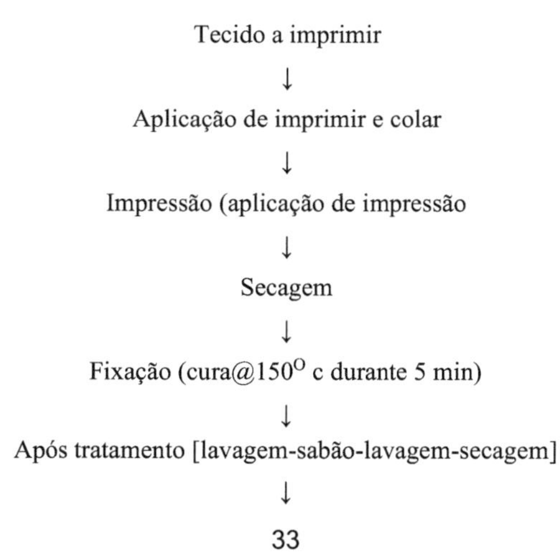

Tecido estampado

3.5. *Determinação do teor proteico presente no gel de Aloé utilizando o espetrofotómetro UV*

A quantidade de proteína presente num recurso natural é muito importante para estudar e compreender as utilizações finais do material. No caso do nosso estudo, a quantidade de proteína presente no gel de aloé extraído é determinada utilizando o espetrofotómetro UV, que funciona como um computador de secretária normal e todas as suas operações são automáticas.

A máquina é calibrada com água destilada ou acetato de etilo 100% puro, porque a absorção e a transmitância da água e do acetato de etilo são 0 e 100%, respetivamente. Depois de calibrada, todos os valores de calibração se tornam zero e, em seguida, a amostra é introduzida na máquina com um cubo transparente (equipamento utilizado para introduzir o material da solução).

3.6. *Determinação da atividade antimicrobiana utilizando o método da placa de ágar*

A eficácia do aloé vera na inibição ou morte de microrganismos causadores de doenças é estudada através de tecidos pré-tratados com aloé vera em três concentrações diferentes, tais como o rácio de gel de aloé: água 80:20, 60:40 e tecido tratado com gel de aloé 100% puro, que é testado em nove placas diferentes. As placas são preparadas utilizando ágar nutriente numa placa esterilizada a uma temperatura de 105° c porque a esta temperatura todos os microrganismos devem estar mortos. Depois disso, o nutriente de ágar é misturado com água destilada morna e agitado tanto quanto possível. Quando todas as medidas necessárias tiverem sido tomadas, o microrganismo E-Coli (gram negativo) é adicionado a nove placas preparadas independentemente, das quais três placas para 100% (uma placa apenas para o gel, a segunda para o tecido tratado e o gel e a terceira apenas para o tecido tratado) e o mesmo acontece para 60% e 80% de gel de aloé tratado e a amostra preparada é mantida em incubação durante 48 horas. Para o gel, utilizámos papel de filtro cortado circularmente e a dimensão da zona de inibição é medida.

3.7. Conceção de uma máquina de gel de Aloé adequada para a extração de gel de Aloé

Princípios de funcionamento da máquina de espremer aloé vera

A máquina de Aloé Vera tem muitos elementos. Vamos descrever as partes principais da máquina. **Suporte:-**o suporte é feito de ferro angular de acordo com a dimensão (especificação) indicada no desenho. A sua principal função é suportar os rolos, o tabuleiro, o motor e o mecanismo de regulação.

Pega: -É composto por ferro redondo, ferro plano e madeira. É utilizado para acionar o rolo inferior.

Motor: utilizado para acionar o rolo inferior. Pode ser uma outra opção em vez de utilizar o punho quando há energia eléctrica.

Polias: são utilizadas para transmitir o movimento do motor para o rolo inferior através de uma correia.

Panela: é feita de chapa metálica, que é utilizada para recolher o gel de aloé espremido.

Rolamentos:- são responsáveis pelo movimento livre dos rolos e por manter os rolos na posição fixa sem vibração.

Mecanismo de ajuste:-a função deste mecanismo é ajustar o espaço entre os rolos. Uma vez que as folhas de Aloé Vera têm espessuras diferentes, o mecanismo de regulação é utilizado para uma compressão eficaz.

CAPÍTULO 4

4. *RESULTADOS E DISCUSSÃO*

4.1Resultados dos ensaios:

Determinação do efeito antimicrobiano de tecidos tratados com gel de aloé contra E.coli através do método da placa

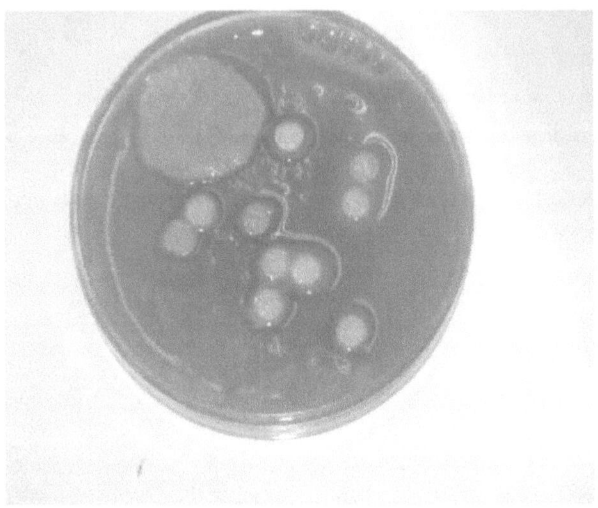

Fig.24.Amostra de teste em placa de ágar

Experiência -7 Determinação do teor de proteína presente no gel de Aloé utilizando o espetrofotómetro UV através do comprimento de onda λ (eixo x) versus gráfico de absorção (eixo y)

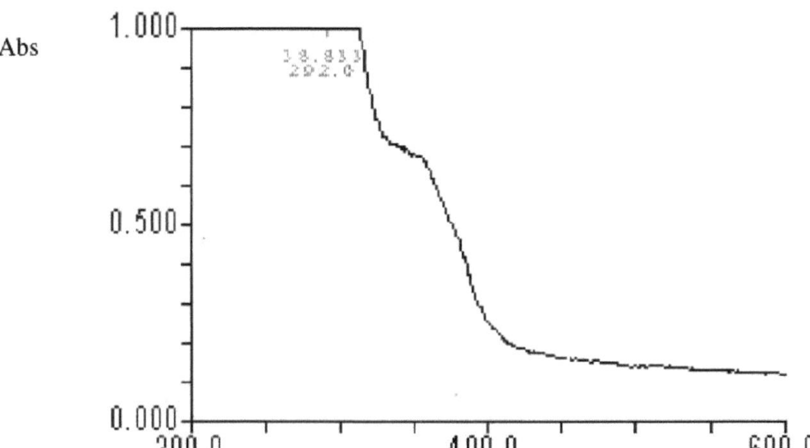

Fig.25 .UV spectrophotometer Wavelength (λ)

4.2Utilização de aloegel em vez de espessante sintético na impressão reactiva e de pigmentos

O Aloé Vera tem um gel espesso e suculento solúvel em água, que contém uma maior quantidade de polissacáridos, especialmente polissacáridos: gluco-mananos / polimanose. Este açúcar é espesso por natureza e a sua espessura é utilizada como espessante na impressão reactiva e de pigmentos. A principal vantagem da utilização de gel de aloé em vez de espessante sintético é

> A amostra impressa tem uma tonalidade saturada profunda, o que significa que é possível obter uma profundidade real da cor pretendida.

> Não tem qualquer efeito ambiental (amigo do ambiente)

> Economicamente barato porque todos podem cultivá-lo e utilizá-lo.

> Para preparar a pasta é fácil, simples e consome o mínimo de tempo

> A sua solidez à lavagem é idêntica à dos espessantes sintéticos

4.3. Efeito do ião de sódio presente no gel de aloé em tecidos de algodão tingidos com reação de baixo teor de sal

Uma vez que o gel de aloé contém muitos compostos no seu interior, como enzimas, aminoácidos e elementos como magnésio, cálcio, sódio e outros compostos e elementos essenciais. Destes elementos, tentámos utilizar o ião de sódio para o tingimento reativo sem adição de cloreto de sódio.

No nosso teste, os tecidos tratados com 100% de gel de aloé têm uma boa e maior profundidade de sombra, os tecidos tratados com 80% de gel de aloé têm uma profundidade de sombra média e os tecidos tratados com 60% de gel de aloé têm uma profundidade de sombra mais baixa. Porque quando a concentração de gel de aloé aumenta, a quantidade de iões de sódio no lado do gel de aloé aumenta diretamente e o banho de corante esgota-se, pelo que a absorção de corante dos tecidos é mais elevada, como mostram os resultados acima.

No que diz respeito ao tecido, as propriedades como a rapidez de lavagem, a resistência ao rasgamento, a maleabilidade não são danificadas, mesmo com o tratamento, dão uma boa textura, suavidade e aplicações médicas como a ligadura para feridas.

4.4. Atividade antimicrobiana da amostra tratada com o gel (Teste de difusão em ágar)

A figura mostra o resultado do teste de difusão em ágar para a eficácia antimicrobiana contra culturas de teste padrão viz., E-Coli (gram negativo). A zona de inibição bacteriana é indicada por uma auréola à volta da amostra. É evidente que a atividade das amostras tratadas com gel de aloé é elevada contra E-coli. Atribui-se que a inibição bacteriana se deve à libertação lenta de substâncias activas da superfície do tecido. A antraquinona presente no aloé absorve os ácidos gordos, o que torna o tecido livre da proliferação de micróbios.

4.5. Efeito das enzimas presentes no aloegel na dessecação do algodão

Algumas das enzimas mais importantes do Aloé Vera são a Peroxidase, a Aliiase, a Catalase, a Lipase, a Celulase, a Carboxipeptidase, a Amilase e a Fosfatase Alcalina. Estas enzimas têm centros activos, que são os pontos onde a molécula de substrato se pode juntar. Tal como uma determinada chave se encaixa numa fechadura, uma determinada molécula de substrato encaixa no sítio ativo da enzima. O substrato forma um complexo com a enzima. Mais tarde, a molécula de substrato é convertida no produto e a própria enzima é regenerada (Fig.1).

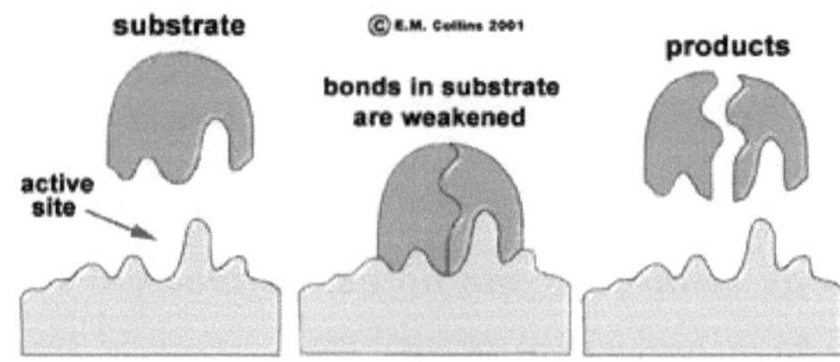

Fig.26. Modelo de chave e fechadura da especificidade enzimática

O processo continua até que a enzima seja envenenada por um agente químico (Fig.2) ou inactivada por temperaturas extremas, pH ou por outras condições negativas no ambiente de processamento.

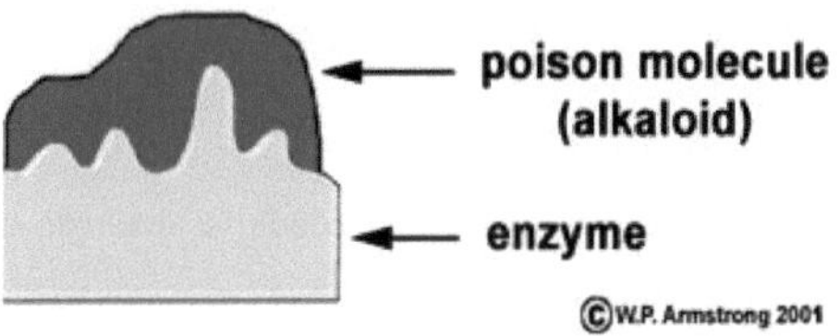

Fig. 27 Sítio ativo da enzima bloqueado por uma molécula de veneno

4.6. Concentração de proteínas presentes no aloegel extraído

O resultado do teste indicou claramente que o comprimento de onda de absorção do gel de aloé a 200 nm 2,957 e 290 nm 2,674, mas o comprimento de onda é constante entre 205 nm e 280 nm. Por conseguinte, a proteína presente na gelatina extraída é muito pura, sem qualquer variação na curva de frequência.

CAPÍTULO 5

5. CONCLUSÃO

Independentemente da cor e da percentagem de tonalidade, a absorção de corantes de tecidos de algodão tingidos com corantes reactivos depende muito da concentração de gel de aloé na solução de enchimento do pré-tratamento para tingimento. A extensão da melhoria na absorção do corante depende da concentração do ião sódio, bem como da duração do tratamento. Quando o tecido é tratado com uma concentração mais elevada de gel de aloé, a profundidade da tonalidade do corante pode ser melhorada. Quanto maior for a concentração de ião de sódio e maior for a duração do tratamento, melhor será a absorção do corante. O tecido tratado com gel de aloé apresentou uma elevada eficiência de desencolagem. Isto deve-se ao mecanismo de bloqueio das enzimas presentes no gel de aloé. Quando comparamos a eficiência de dessecação da enzima sintética e da enzima do gel de aloé (enzima natural amilase), a perda de peso é maior, o que significa que a perda de peso na dessecação da enzima sintética é de 7,9% e no caso do gel de aloé é de 11,02%, pelo que tem uma boa eficiência de dessecação, mas a dessecação do gel de aloé tem o efeito secundário do sal corante.

Remédios: pode ser melhorado pelo método habitual de limpeza.

Porque o Aloé Vera tem seis agentes anti-sépticos (antraquinona, sulfatos, lupeol, ácido salicílico, ácido cinâmico, azoto ureico e fenol) que actuam como uma equipa para proporcionar atividade antimicrobiana, eliminando assim muitas infecções internas e externas. A partir dos resultados do nosso laboratório, o tecido tratado com gel de aloé tem uma inibição muito elevada contra o microrganismo E-coli. A quantidade qualitativa de proteína presente no gel de aloé é de 2,5-3 gramas num litro de gel de aloé e isto é promissor para a produção de glicoproteína que é responsável pela produção de glóbulos brancos. Além disso, a proteína presente no gel de aloé é extremamente pura e isenta de fertilizantes. Os resultados dos testes de tecidos impressos com gel de aloé mostraram fortemente que o gel de aloé pode ser utilizado como espessante natural em vez de espessante sintético. Quando utilizamos o gel de aloé, a profundidade da cor é muito superior à do tecido sintético estampado. Isto deve-se ao facto de a natureza do gel de aloé ser incolor quando puro. Mas o espessante sintético tem uma cor branca que influencia a profundidade da cor.

Para além do nosso trabalho, devem ser sugeridos mais trabalhos de investigação para descobrir a natureza milagrosa e a aplicação do aloé vera.

CAPÍTULO 6

6. ÂMBITO FUTURO DO PROJECTO

A planta Aloe Vera pode crescer em quase todas as partes da Etiópia, especialmente nas zonas secas e semi-secas da Etiópia. O Aloé Vera é uma planta muito valiosa, mas atualmente esta planta não é explorada, pois é utilizada para muitos fins. Por exemplo

S Tingimento de tecidos sem sal em tingimento reativo após tratamento com gel de aloé.

S Acabamento antimicrobiano através do enchimento do tecido com gel de aloé.

S Pode ser utilizado como espessante na impressão reactiva e de pigmentos.

Quando este projeto for implementado, é possível poupar divisas estrangeiras substituindo o espessante sintético por gel de aloé.

O gel de Aloé também pode substituir ou reduzir a quantidade de sal utilizada no tingimento reativo no acabamento têxtil. Isto pode minimizar os efluentes ambientais

O efeito antimicrobiano do gel pode ser utilizado para o tratamento de roupa interior e meias, o que pode reduzir o cheiro dos pés, os receios médicos e a transmissão de doenças de doentes para pessoas normais.

Para além da aplicação têxtil, pode ser utilizado para muitos fins, tais como

No sector alimentar, é utilizado para a preparação de sumo de aloé, que pode fornecer os nutrientes necessários ao ser humano.

Na área do fabrico de cosméticos, é utilizado como matéria-prima para muitos produtos, como loções para o corpo, batons e cremes faciais.

Nas áreas de fabrico de medicamentos, pode ser para muitas doenças como o VIH/SIDA e outras doenças externas e internas.

Assim, a execução deste projeto não é apenas "dois em uma pedra", mas é mais do que isso.

REFERÊNCIAS

1. Klaus Schatz, "All Round Answer to Problem Microbes", International Dyer, junho de 2001, p 17-19.

2. Durabilidade de alguns tratamentos antibacterianos, Textile Chemist and Colorist e American

3. Terceira edição. Binghamton, NY: Pharmaceutical Products Press; 1993.

4 .Odes H.S., Madar Z. Um ensaio em dupla ocultação de um laxante à base de celandina, aloevera e psílio

5. em pacientes adultos com obstipação. Digestão 49:65-71, 1991.

6. rusick D, Mengs U. Assessment of the genotoxic risk from laxative senna products. Environmental and Molecular Mutagenesis 29:1-9, 1997.

7. Grindlay D, Reynolds T. O fenómeno Aloe vera: A review of the properties and modern uses of the leaf parenchyma gel. Journal of Ethnopharmacology 16(2-3):117-151, 1986.

8. Davis RH, Leitner MG, Russo JM, Byrne ME. Cicatrização de feridas. Atividade oral e tópica do aloé vera. Journal of the American Podiatric Medical Association 79:559-562, 1989.

9. Hecht A. The Overselling of aloe vera (A venda excessiva de aloé vera). FDA Consumer 15(6):26-29, 1981.

10. Ghannam N e outros. A atividade antidiabética do aloés: Observações clínicas e experimentais preliminares. Hormone Research 24:288-294, 1986.

11. Al-Awadi F, Fatania H, Shamte U. O efeito de um extrato de mistura de plantas na gluconeogénese hepática em ratos diabéticos induzidos por estreptozotocina. Diabetes Research 18:163-168, 1991.

12. Sítio Web da Premium Aloe Company, 22 de junho de 1998.

13. Catálogo online da Nature's Choice Aloe Vera, 22 de junho de 1998. Enzima

14. Byrnec, Conferência do Grupo de Tingimento e Acabamento dos Institutos Têxteis, Nottingham, novembro de 1995.

15. Rashush Doshi, Asian Textile Journal, janeiro de 2002. Ethers JN e Annis PA, "Textile enzyme viz., a developing technology". A.D.R., 1998,5,18-23.

16. Enzyme Technical Association, Washington, 'Safe handling of enzymes'. Text. Chem. Col e Am. Dyed- Rep. 2000, 32 (1) 26-7. Andrea Bohringer, Jurg Rupp, "Biotechnology. Processes and products", I.T.B.Nov.2002, Vol.- 48 No-6, página 6 a 19.

Printed by Books on Demand GmbH, Norderstedt / Germany